Wilhelm Conrad Röntgen
Über eine neue Art von Strahlen

I0031921

SEVERUS

Röntgen, Wilhelm Conrad: Über eine neue Art von
Strahlen
Hamburg, SEVERUS Verlag 2012
Nachdruck des Originaltextes
aus der Ausgabe von 1972

ISBN: 978-3-86347-345-7
Druck: SEVERUS Verlag, Hamburg, 2012

Der SEVERUS Verlag ist ein Imprint der Diplomica
Verlag GmbH.

**Bibliografische Information der Deutschen
Nationalbibliothek:**
Die Deutsche Nationalbibliothek verzeichnet diese
Publikation in der Deutschen Nationalbibliografie;
detaillierte bibliografische Daten sind im Internet über
http://dnb.d-nb.de abrufbar.

SEVERUS

Über eine neue Art von Strahlen

(vorläufige Mitteilung)

1. Läßt man durch eine *Hittorf*sche Vakuumröhre, oder einen genügend evakuierten *Lenard*schen, *Crookes*schen oder ähnlichen Apparat die Entladungen eines größeren *Ruhmkorffs* gehen und bedeckt die Röhre mit einem ziemlich eng anliegenden Mantel aus dünnem, schwarzem Karton, so sieht man in dem vollständig verdunkelten Zimmer einen in die Nähe des Apparates gebrachten, mit Bariumplatinzyanür angestrichenen Papierschirm bei jeder Entladung hell aufleuchten, fluoreszieren, gleichgültig ob die angestrichene oder die andere Seite des Schirmes dem Entladungsapparat zugewendet ist. Die Fluoreszenz ist noch in 2 m Entfernung vom Apparat bemerkbar.

Man überzeugt sich leicht, daß die Ursache der Fluoreszenz vom Entladungsapparat und von keiner anderen Stelle der Leitung ausgeht.

2. Das an dieser Erscheinung zunächst Auffallende ist, daß durch die schwarze Kartonhülse, welche keine sichtbaren oder ultravioletten Strahlen des Sonnen- oder des elektrischen Bogenlichtes durchläßt, ein Agens hindurchgeht, das imstande ist, lebhafte Fluoreszenz zu erzeugen, und man wird deshalb wohl zuerst untersuchen, ob auch andere Körper diese Eigenschaft besitzen.

Man findet bald, daß alle Körper für dasselbe durchlässig sind, aber in sehr verschiedenem Grade. Einige Beispiele führe ich an. Papier ist sehr durchlässig[1]): hinter einem eingebundenen Buch von ca. 1000 Seiten sah ich den Fluoreszenzschirm noch deutlich leuchten; die Druckerschwärze bietet kein merkliches Hindernis. Ebenso zeigte sich Fluoreszenz hinter einem doppelten Whistspiel; eine einzelne Karte zwischen Apparat und Schirm gehalten macht sich dem Auge fast gar nicht bemerkbar. – Auch ein einfaches Blatt Stanniol ist kaum wahrzunehmen; erst nachdem mehrere Lagen übereinander gelegt sind, sieht man ihren Schatten deutlich auf dem Schirm.

[1]) Mit »Durchlässigkeit« eines Körpers bezeichne ich das Verhältnis der Helligkeit eines dicht hinter dem Körper gehaltenen Fluoreszenzschirmes zu derjenigen Helligkeit des Schirmes, welcher dieser unter denselben Verhältnissen aber ohne Zwischenschaltung des Körpers zeigt.

– Dicke Holzblöcke sind noch durchlässig; 2–3 cm dicke Bretter aus Tannenholz absorbieren nur sehr wenig. – Eine ca. 15 mm dicke Aluminiumschicht schwächte die Wirkung recht beträchtlich, war aber nicht imstande, die Fluoreszenz ganz zum Verschwinden zu bringen. – Mehrere zentimeterdicke Hartgummischeiben lassen noch Strahlen[2]) hindurch. – Glasplatten gleicher Dicke verhalten sich verschieden, je nachdem sie bleihaltig sind (Flintglas) oder nicht; erstere sind viel weniger durchlässig als letztere. – Hält man die Hand zwischen den Entladungsapparat und den Schirm, so sieht man die dunkleren Schatten der Handknochen in dem nur wenig dunklen Schattenbild der Hand. – Wasser, Schwefelkohlenstoff und verschiedene andere Flüssigkeiten erweisen sich in Glimmergefäßen untersucht als sehr durchlässig. – Daß Wasserstoff wesentlich durchlässiger wäre als Luft habe ich nicht finden können. – Hinter Platten aus Kupfer, resp. Silber, Blei, Gold, Platin ist die Fluoreszenz noch deutlich zu erkennen, doch nur dann, wenn die Plattendicke nicht zu bedeutend ist. Platin von 0,2 mm Dicke ist noch durchlässig; die Silber- und Kupferplatten können schon stärker sein. Blei in 1,5 mm Dicke ist so gut wie undurchlässig und wurde deshalb häufig wegen dieser Eigenschaft verwendet. – Ein Holzstab mit quadratischem Querschnitt (20 × 20 mm), dessen eine Seite mit Bleifarbe weiß angestrichen ist, verhält sich verschieden, je nachdem er zwischen Apparat und Schirm gehalten wird; fast vollständig wirkungslos, wenn die X-Strahlen parallel der angestrichenen Seite durchgehen, entwirft der Stab einen dunklen Schatten, wenn die Strahlen die Anstrichfarbe durchsetzen müssen. – In eine ähnliche Reihe, wie die Metalle, lassen sich ihre Salze, fest oder in Lösung, in bezug auf ihre Durchlässigkeit ordnen.

3. Die angeführten Versuchsergebnisse und andere führen zu der Folgerung, daß die Durchlässigkeit der verschiedenen Substanzen, gleiche Schichtendicke vorausgesetzt, wesentlich bedingt ist durch ihre Dichte: keine andere Eigenschaft macht sich wenigstens in so hohem Grade bemerkbar als diese.

Daß aber die Dichte doch nicht ganz allein maßgebend ist, das beweisen folgende Versuche. Ich untersuchte auf ihre Durchlässig-

[2]) Der Kürze halber möchte ich den Ausdruck »Strahlen« und zwar zur Unterscheidung von anderen den Namen »X-Strahlen« gebrauchen. Vgl. u. pag. 34.

keit nahezu gleichdicke Platten aus Glas, Aluminium Kalkspat und Quarz; die Dichte dieser Substanzen stellte sich als ungefähr gleich heraus, und doch zeigte sich ganz evident, daß der Kalkspat beträchtlich weniger durchlässig ist als die übrigen Körper, die sich untereinander ziemlich gleich verhielten. Eine besonders starke Fluoreszenz des Kalkspates namentlich im Vergleich zum Glas habe ich nicht bemerkt.

4. Mit zunehmender Dicke werden alle Körper weniger durchlässig. Um vielleicht eine Beziehung zwischen Durchlässigkeit und Schichtendicke finden zu können, habe ich photographische Aufnahmen (vgl. u. pag. 30) gemacht, bei denen die photographische Platte zum Teil bedeckt war mit Stanniolschichten von stufenweise zunehmender Blätterzahl; eine photometrische Messung soll vorgenommen werden, wenn ich im Besitz eines geeigneten Photometers bin.

5. Aus Platin, Blei, Zink und Aluminium wurden durch Auswalzen Bleche von einer solchen Dicke hergestellt, daß alle nahezu gleich durchlässig erschienen. Die folgende Tabelle enthält die gemessene Dicke in Milimetern, die relative Dicke bezogen auf die des Platinbleches und die Dichte,

Dicke		relat. Dicke	Dichte
Pt. 0,018	mm	1	21,5
Pb. 0,05	”	3	11,3
Zn. 0,10	”	6	7,1
Al. 3,5	”	200	2,6

Aus diesen Werten ist zu entnehmen, daß keineswegs gleiche Durchlässigkeit verschiedener Metalle vorhanden ist, wenn das Produkt aus Dicke und Dichte gleich ist. Die Durchlässigkeit nimmt in viel stärkerem Maße zu, als jenes Produkt abnimmt.

6. Die Fluoreszenz des Bariumplatinzyanürs ist nicht die einzige erkennbare Wirkung der X-Strahlen. Zunächst ist zu erwähnen, daß auch andere Körper fluoreszieren; so z. B. die als Phosphore bekannten Kalziumverbindungen, dann Uranglas, gewöhnliches Glas, Kalkspat, Steinsalz etc.

Von besonderer Bedeutung in mancher Hinsicht ist die Tatsache, daß photographische Trockenplatten sich als empfindlich für die X-Strahlen erwiesen haben. Man ist imstande, manche Erscheinung zu fixieren, wodurch Täuschungen leichter ausgeschlossen werden; und ich habe, wo es irgend anging, jede wichtigere Beobachtung, die ich mit dem Auge am Fluoreszenzschirm machte, durch eine photographische Aufnahme kontrolliert.

Dabei kommt die Eigenschaft der Strahlen, fast ungehindert durch dünnere Holz-, Papier- und Stanniolschichten hindurchgehen zu können, sehr zu statten; man kann die Aufnahmen mit der in der Kasette, oder in einer Papierumhüllung eingeschlossenen photographischen Platte im beleuchteten Zimmer machen. Andererseits hat diese Eigenschaft auch zur Folge, daß man unentwickelte Platten nicht bloß durch die gebräuchliche Hülle aus Pappendeckel und Papier geschützt längere Zeit in der Nähe des Entladungsapparates liegen lassen darf.

Fraglich erscheint es noch, ob die chemische Wirkung auf die Silbersalze der photographischen Platte direkt von den X-Strahlen ausgeübt wird. Möglich ist es, daß diese Wirkung herrührt von dem Fluoreszenzlicht, das, wie oben angegeben, in der Glasplatte, oder vielleicht in der Gelatineschicht erzeugt wird. »Films« können übrigens ebenso gut wie Glasplatten verwendet werden.

Daß die X-Strahlen auch eine Wärmewirkung auszuüben imstande sind, habe ich noch nicht experimentell nachgewiesen; doch darf man wohl diese Eigenschaft als vorhanden annehmen, nachdem durch die Fluoreszenzerscheinungen die Fähigkeit der X-Strahlen, verwandelt zu werden, nachgewiesen ist, und es sicher ist, daß nicht alle auffallenden X-Strahlen den Körper als solche wieder verlassen.

Die Retina des Auges ist für unsere Strahlen unempfindlich; das dicht an den Entladungsapparat herangebrachte Auge bemerkt nichts, wiewohl nach den gemachten Erfahrungen die im Auge enthaltenen Medien für die Strahlen durchlässig genug sein müssen.

7. Nachdem ich die Durchlässigkeit verschiedener Körper von relativ großer Dicke erkannt hatte, beeilte ich mich, zu erfahren, wie sich die X-Strahlen beim Durchgang durch ein Prisma verhalten, ob sie darin abgelenkt werden oder nicht. Versuche mit Wasser und Schwefelkohlenstoff in Glimmerprismen von ca. 30° brechendem Winkel haben gar keine Ablenkung erkennen lassen weder am

Fluoreszenzschirm, noch an der photographischen Platte. Zum Vergleich wurde unter denselben Verhältnissen die Ablenkung von Lichtstrahlen beobachtet; die abgelenkten Bilder lagen auf der Platte um ca. 10 mm resp. ca. 20 mm von dem nicht abgelenkten entfernt. – Mit einem Hartgummi- und einem Aluminiumprisma von ebenfalls ca. 30° brechendem Winkel habe ich auf der photographischen Platte Bilder bekommen, an denen man vielleicht eine Ablenkung erkennen kann. Doch ist die Sache sehr unsicher, und die Ablenkung ist, wenn überhaupt vorhanden, jedenfalls so klein, daß der Brechungsexponent der X-Strahlen in den genannten Substanzen höchstens 1,05 sein könnte. Mit dem Fluoreszenzschirm habe ich auch in diesem Fall keine Ablenkung beobachten können.

Versuche mit Prismen aus dichteren Metallen lieferten bis jetzt wegen der geringen Durchlässigkeit und der infolgedessen geringen Intensität der durchgelassenen Strahlen kein sicheres Resultat.

In Anbetracht dieser Sachlage einerseits und andererseits der Wichtigkeit der Frage, ob die X-Strahlen beim Übergang von einem Medium zum anderen gebrochen werden können oder nicht, ist es sehr erfreulich, daß diese Frage noch in anderer Weise untersucht werden kann, als mit Hilfe von Prismen. Fein pulverisierte Körper lassen in genügender Schichtendicke das auffallende Licht nur wenig und zerstreut hindurch infolge von Brechung und Reflexion: erweisen sich nun die Pulver für die X-Strahlen gleich durchlässig, wie die kohärente Substanz – gleiche Massen vorausgesetzt – so ist damit nachgewiesen, daß sowohl eine Brechung als auch eine regelmäßige Reflexion nicht in merklichem Betrage vorhanden ist. Die Versuche wurden mit fein pulverisiertem Steinsalz, mit feinem, auf elektrolytischem Wege gewonnenem Silberpulver und dem zu chemischen Untersuchungen vielfach verwandten Zinkstaub angestellt; es ergab sich in allen Fällen kein Unterschied in der Durchlässigkeit der Pulver und der kohärenten Substanz, sowohl bei der Beobachtung am Fluoreszenzschirm, als auch auf der photographischen Platte.

Daß man mit Linsen die X-Strahlen nicht konzentrieren kann, ist nach dem Mitgeteilten selbstverständlich; eine große Hartgummilinse und eine Glaslinse erwiesen sich in der Tat als wirkungslos. Das Schattenbild eines runden Stabes ist in der Mitte dunkler als am Rande; dasjenige einer Röhre, die mit einer Substanz gefüllt ist, die durchlässiger ist als das Material der Röhre, ist in der Mitte heller als am Rande.

8. Die Frage nach der Reflexion der X-Strahlen ist durch die Versuche des vorigen Paragraphen als in dem Sinne erledigt zu betrachten, daß eine merkliche regelmäßige Zurückwerfung der Strahlen an keiner der untersuchten Substanzen stattfindet. Andere Versuche, die ich hier übergehen will, führen zu demselben Resultat.

Indessen ist eine Beobachtung zu erwähnen, die auf den ersten Blick das Gegenteil zu ergeben scheint. Ich exponierte eine durch schwarzes Papier gegen Lichtstrahlen geschützte photographische Platte, mit der Glasseite dem Entladungsapparat zugewendet, den X-Strahlen; die empfindliche Schicht war bis auf einen frei bleibenden Teil mit blanken Platten aus Platin, Blei, Zink und Aluminium in sternförmiger Anordnung bedeckt. Auf dem entwickelten Negativ ist deutlich zu erkennen, daß die Schwärzung unter dem Platin, dem Blei und besonders unter dem Zink stärker ist als an den anderen Stellen; das Aluminium hatte gar keine Wirkung ausgeübt. Es scheint somit, daß die drei genannten Metalle die Strahlen reflektieren; indessen wären noch andere Ursachen für die stärkere Schwärzung denkbar, und um sicher zu gehen, legte ich bei einem zweiten Versuch zwischen die empfindliche Schicht und die Metallplatten ein Stück dünnes Blattaluminium, welches für ultraviolette Strahlen undurchlässig, dagegen für die X-Strahlen sehr durchlässig ist. Da auch jetzt wieder im wesentlichen dasselbe Resultat erhalten wurde, so ist eine Reflexion von X-Strahlen an den genannten Metallen nachgewiesen.

Hält man diese Tatsache zusammen mit der Beobachtung, daß Pulver ebenso durchlässig sind, wie kohärente Körper, daß weiter Körper mit rauher Oberfläche sich beim Durchgang der X-Strahlen, wie auch bei dem zuletzt beschriebenen Versuch ganz gleich wie polierte Körper verhalten, so kommt man zu der Anschauung, daß zwar eine regelmäßige Reflexion, wie gesagt, nicht stattfindet, daß aber die Körper sich den X-Strahlen gegenüber ähnlich verhalten, wie die trüben Medien dem Licht gegenüber.

Da ich auch keine Brechung beim Übergang von einem Medium zum anderen nachweisen konnte, so hat es den Anschein, als ob die X-Strahlen sich mit gleicher Geschwindigkeit in allen Körpern bewegen, und zwar in einem Medium, das überall vorhanden ist, und in welchem die Körperteilchen eingebettet sind. Die letzteren bilden für die Ausbreitung der X-Strahlen ein Hindernis und zwar im allgemeinen ein desto größeres, je dichter der betreffende Körper ist.

9. Demnach wäre es möglich, daß auch die Anordnung der Teilchen im Körper auf die Durchlässigkeit desselben einen Einfluß ausübte, daß z. B. ein Stück Kalkspat bei gleicher Dicke verschieden durchlässig wäre, wenn dasselbe in der Richtung der Achse oder senkrecht dazu durchstrahlt wird. Versuche mit Kalkspat und Quarz haben aber ein negatives Resultat ergeben.

10. Bekanntlich ist *Lenard* bei seinen schönen Versuchen über die von einem dünnen Aluminiumplättchen hindurchgelassenen *Hittorf*schen Kathodenstrahlen zu dem Resultat gekommen, daß die Strahlen Vorgänge im Äther sind, und daß sie in allen Körpern diffus verlaufen. Von unseren Strahlen haben wir Ähnliches aussagen können.

In seiner letzten Arbeit hat *Lenard* das Absorptionsvermögen verschiedener Körper für die Kathodenstrahlen bestimmt und dasselbe u. a. für Luft von Atmosphärendruck zu 4,10, 3,40, 3,10 auf 1 cm bezogen gefunden, je nach der Verdünnung des im Entladungsapparat enthaltenen Gases. Nach der aus der Funkenstrecke geschätzten Entladungsspannung zu urteilen, habe ich es bei meinen Versuchen meistens mit ungefähr gleichgroßen und nur selten mit geringeren und größeren Verdünnungen zu tun gehabt. Es gelang mir mit dem *L. Weber*schen Photometer – ein besseres besitze ich nicht – in atmosphärischer Luft die Intensitäten des Fluoreszenzlichtes meines Schirmes in zwei Abständen – ca. 100 resp. 200 mm – vom Entladungsapparat mit einander zu vergleichen, und ich fand aus drei recht gut miteinander übereinstimmenden Versuchen, daß dieselben sich umgekehrt wie die Quadrate der resp. Entfernungen des Schirmes vom Entladungsapparat verhalten. Demnach hält die Luft von den hindurchgehenden X-Strahlen einen viel kleineren Bruchteil zurück als von den Kathodenstrahlen. Dieses Resultat ist auch ganz in Übereinstimmung mit der oben erwähnten Beobachtung, daß das Fluoreszenzlicht noch in 2 m Distanz vom Entladungsapparat wahrzunehmen ist.

Ähnlich wie Luft verhalten sich im allgemeinen die anderen Körper: sie sind für die X-Strahlen durchlässiger als für die Kathodenstrahlen.

11. Eine weitere sehr bemerkenswerte Verschiedenheit in dem Verhalten der Kathodenstrahlen und der X-Strahlen liegt in der Tatsache, daß es mir trotz vieler Bemühungen nicht gelungen ist, auch in sehr kräftigen magnetischen Feldern eine Ablenkung der X-Strahlen durch den Magnet zu erhalten.

Die Ablenkbarkeit durch den Magnet gilt aber bis jetzt als ein charakteristisches Merkmal der Kathodenstrahlen; wohl ward von *Hertz* und *Lenard* beobachtet, daß es verschiedene Arten von Kathodenstrahlen gibt, die sich durch »ihre Phosphoreszenzerzeugung, Absorbierbarkeit und Ablenkbarkeit durch den Magnet voneinander unterscheiden«, aber eine beträchtliche Ablenkung wurde doch in allen von ihnen untersuchten Fällen wahrgenommen, und ich glaube nicht, daß man dieses Charakteristikum ohne zwingenden Grund aufgeben wird.

12. Nach besonders zu diesem Zweck angestellten Versuchen ist es sicher, daß die Stelle der Wand des Entladungsapparates, die am stärksten fluoresziert, als Hauptausgangspunkt der nach allen Richtungen sich ausbreitenden X-Strahlen zu betrachten ist. Die X-Strahlen gehen somit von der Stelle aus, wo nach den Angaben verschiedener Forscher die Kathodenstrahlen die Glaswand treffen. Lenkt man die Kathodenstrahlen innerhalb des Entladungsapparates durch einen Magnet ab, so sieht man, daß auch die X-Strahlen von einer anderen Stelle, d.h. wieder von dem Endpunkte der Kathodenstrahlen ausgehen.

Auch aus diesem Grund können die X-Strahlen, die nicht ablenkbar sind, nicht einfach unverändert von der Glaswand hindurchgelassene resp. reflektierte Kathodenstrahlen sein. Die größere Dichte des Glases außerhalb des Entladungsgefäßes kann ja nach *Lenard* für die große Verschiedenheit der Ablenkbarkeit nicht verantwortlich gemacht werden.

Ich komme deshalb zu dem Resultat, daß die X-Strahlen nicht identisch sind mit den Kathodenstrahlen, daß sie aber von den Kathodenstrahlen in der Glaswand des Entladungsapparates erzeugt werden.

13. Diese Erzeugung findet nicht nur in Glas statt, sondern, wie ich an einem mit 2 mm starkem Aluminiumblech abgeschlossenen Apparat beobachten konnte, auch in diesem Metall. Andere Substanzen sollen später untersucht werden.

14. Die Berechtigung, für das von der Wand des Entlassungsapparates ausgehende Agens den Namen »Strahlen« zu verwenden, leite ich zum Teil von der ganz regelmäßigen Schattenbildung her, die sich zeigt, wenn man zwischen den Apparat und den fluoreszierenden Schirm (oder die photographische Platte) mehr oder weniger durchlässige Körper bringt.

Viele derartige Schattenbilder, deren Erzeugung mitunter einen ganz besonderen Reiz bietet, habe ich beobachtet und teilweise auch photographisch aufgenommen; so besitze ich z. B. Photographien von den Schatten der Profile einer Türe, welche die Zimmer trennt, in welchen einerseits der Entladungsapparat, andererseits die photographische Platte aufgestellt waren; von den Schatten der Handknochen; von dem Schatten eines auf einer Holzspule versteckt aufgewickelten Drahtes; eines in einem Kästchen eingeschlossenen Gewichtssatzes; einer Bussole, bei welcher die Magnetnadel ganz von Metall eingeschlossen ist; eines Metallstückes, dessen Inhomogenität durch die X-Strahlen bemerkbar wird; etc.

Für die geradlinige Ausbreitung der X-Strahlen beweisend ist weiter eine Lochphotographie, die ich von dem mit schwarzem Papier eingehüllten Entladungsapparat habe machen können; das Bild ist schwach aber unverkennbar richtig.

15. Nach Interferenzerscheinungen der X-Strahlen habe ich viel gesucht, aber leider, vielleicht nur infolge der geringen Intensität derselben, ohne Erfolg.

16. Versuche, um zu konstatieren, ob elektrostatische Kräfte in irgend einer Weise die X-Strahlen beeinflussen können, sind zwar angefangen, aber noch nicht abgeschlossen.

17. Legt man sich die Frage vor, was denn die X-Strahlen, – die keine Kathodenstrahlen sein können – eigentlich sind, so wird man vielleicht im ersten Augenblick, verleitet durch ihre lebhaften Fluoreszenz- und chemischen Wirkungen, an ultraviolettes Licht denken.

Indessen stößt man doch sofort auf schwerwiegende Bedenken.

Wenn nämlich die X-Strahlen ultraviolettes Licht sein sollten, so müßte dieses Licht die Eigenschaft haben:

a) daß es beim Übergang aus Luft in Wasser, Schwefelkohlenstoff, Aluminium, Steinsalz, Glas, Zink etc. keine merkliche Brechung erleiden kann;

b) daß es von den genannten Körpern nicht merklich regelmäßig reflektiert werden kann;

c) daß es somit durch die sonst gebräuchlichen Mittel nicht polarisiert werden kann;

d) daß die Absorption desselben von keiner anderen Eigenschaft der Körper so beeinflußt wird als von ihrer Dichte.

Das heißt, man müßte annehmen, daß sich diese ultravioletten Strahlen ganz anders verhalten, als die bisher bekannten ultraroten, sichtbaren und ultravioletten Strahlen.

Dazu habe ich mich nicht entschließen können und nach einer anderen Erklärung gesucht.

Eine Art von Verwandtschaft zwischen den neuen Strahlen und den Lichtstrahlen scheint zu bestehen, wenigstens deutet die Schattenbildung, die Fluoreszenz und die chemische Wirkung, welche bei beiden Strahlenarten vorkommen, darauf hin. Nun weiß man schon seit langer Zeit, daß außer den transversalen Lichtschwingungen auch longitudinale Schwingungen im Äther vorkommen können und nach Ansicht verschiedener Physiker vorkommen müssen. Freilich ist ihre Existenz bis jetzt noch nicht evident nachgewiesen, und sind deshalb ihre Eigenschaften noch nicht experimentell untersucht.

Sollten nun die neuen Strahlen nicht longitudinalen Schwingungen im Äther zuzuschreiben sein?

Ich muß bekennen, daß ich mich im Laufe der Untersuchung immer mehr mit diesem Gedanken vertraut gemacht habe und gestatte mir dann auch diese Vermutung hier auszusprechen, wiewohl ich mir sehr wohl bewußt bin, daß die gegebene Erklärung einer weiteren Begründung noch bedarf.

Würzburg. Physikal. Institut der Universität. Dez. 1895.

Über eine neue Art von Strahlen

(Fortsetzung)

Da meine Arbeit auf mehrere Wochen unterbrochen werden muß, gestatte ich mir im folgenden einige neue Ergebnisse schon jetzt mitzuteilen.

18. Zur Zeit meiner ersten Publikation war mir bekannt, daß die X-Strahlen imstande sind, elektrische Körper zu entladen, und ich vermute, daß es auch die X-Strahlen und nicht die von dem Aluminiumfenster seines Apparates unverändert durchgelassenen Kathodenstrahlen gewesen sind, welche die von *Lenard* beschriebene Wirkung auf entfernte elektrische Körper ausgeübt haben. Mit der Veröffentlichung meiner Versuche habe ich aber gewartet, bis ich in der Lage war, einwurfsfreie Resultate mitzuteilen.

Solche lassen sich wohl nur dann erhalten, wenn man die Beobachtung in einem Raum anstellt, der nicht nur vollständig gegen die von der Vakuumröhre, den Zuleitungsdrähten, dem Induktionsapparat etc. ausgehenden elektrostatischen Kräfte geschützt ist, sondern der auch gegen Luft abgeschlossen ist, welche aus der Nähe des Entladungsapparates kommt.

Ich ließ mir zu diesem Zweck aus zusammengelöteten Zinkblechen einen Kasten anfertigen, der groß genug ist, um mich und die nötigen Apparate aufzunehmen, und der bis auf eine durch eine Zinktüre verschließbare Öffnung überall luftdicht verschlossen ist. Die der Türe gegenüberliegende Wand ist zu einem großen Teil mit Blei belegt; an einer dem außerhalb des Kastens aufgestellten Entladungsapparat nahe gelegenen Stelle wurde die Zinkwand mit der darüber gelegten Bleiplatte in einer Weite von 4 cm ausgeschnitten, und die Öffnung ist mit einem dünnen Aluminiumblech wieder luftdicht verschlossen. Durch dieses Fenster können die X-Strahlen in den Beobachtungskasten eindringen.

Ich habe nun folgendes wahrgenommen:

a) In der Luft aufgestellte, positiv oder negativ elektrisch geladene Körper werden, wenn sie mit X-Strahlen bestrahlt werden, entladen und zwar desto rascher, je intensiver die Strahlen sind. Die Intensität der Strahlen wurde nach ihrer Wirkung auf einen

Fluoreszenzschirm oder auf eine photographische Platte beurteilt.

Es ist im allgemeinen gleichgültig, ob die elektrischen Körper Leiter oder Isolatoren sind. Bis jetzt habe ich auch keinen spezifischen Unterschied in dem Verhalten der verschiedenen Körper bezüglich der Geschwindigkeit der Entladung gefunden; ebensowenig in dem Verhalten von positiver und negativer Elektrizität. Doch ist es nicht ausgeschlossen, daß geringe Unterschiede bestehen.

b) Ist ein elektrisierter Leiter nicht von Luft, sondern von einem festen Isolator, z. B. Paraffin umgeben, so bewirkt die Bestrahlung dasselbe, wie das Bestreichen der isolierenden Hülle mit einer zur Erde abgeleiteten Flamme.

c) Ist diese isolierende Hülle von einem eng anliegenden, zur Erde abgeleiteten Leiter umschlossen, welcher wie der Isolator für X-Strahlen durchlässig sein soll, so übt die Bestrahlung auf den inneren, elektrisierten Leiter keine mit meinen Hilfsmitteln nachweisbare Wirkung aus.

d) Die unter a, b, c mitgeteilten Beobachtungen deuten darauf hin, daß die von den X-Strahlen bestrahlte Luft die Eigenschaft erhalten hat, elektrische Körper, mit denen sie in Berührung kommt, zu entladen.

e) Wenn sich die Sache wirklich so verhält, und wenn außerdem die Luft diese Eigenschaft noch einige Zeit behält, nachdem sie den X-Strahlen ausgesetzt war, so muß es möglich sein, elektrische Körper, welche selbst nicht von den X-Strahlen getroffen werden, dadurch zu entladen, daß man ihnen bestrahlte Luft zuführt.

In verschiedener Weise kann man sich davon überzeugen, daß diese Folgerung in der Tat zutrifft. Eine, wenn auch nicht die einfachste, Versuchsanordnung möchte ich mitteilen.

Ich benutzte eine 3 cm weite, 45 cm lange Messingröhre; in einigen Zentimetern Entfernung von dem einen Ende ist ein Teil der Röhrenwand weggeschnitten und durch ein dünnes Aluminiumblech ersetzt; am anderen Ende ist unter luftdichtem Abschluß eine an einer Metallstange befestigte Messingkugel isoliert in die Röhre eingeführt. Zwischen der Kugel und dem verschlossenen Ende der Röhre ist ein Seitenröhrchen angelötet, das mit einer Saugvorrichtung in Verbindung gesetzt werden kann; wenn gesaugt wird, so wird die Messingkugel umspült von Luft, die auf ihrem Wege durch die Röhre an dem Aluminiumfenster vorüber gegangen ist. Die Entfernung vom Fenster bis zur Kugel beträgt über 20 cm.

Diese Röhre stellte ich im Zinkkasten so auf, daß die X-Strahlen durch das Aluminiumfenster der Röhre, senkrecht zur Achse derselben eintreten konnten, die isolierte Kugel lag dann außerhalb des Bereiches dieser Strahlen, im Schatten. Die Röhre und der Zinkkasten waren leitend miteinander, die Kugel mit einem Hankelschen Elektroskop verbunden.

Es zeigte sich nun, daß eine der Kugel mitgeteilte Ladung (positive oder negative) von den X-Strahlen nicht beeinflußt wurde, so lange die Luft in der Röhre in Ruhe blieb, daß die Ladung aber sofort beträchtlich abnahm, wenn durch kräftiges Saugen bestrahlte Luft der Kugel zugeführt wurde. Erhielt die Kugel durch Verbindung mit Akkumulatoren ein konstantes Potential, und wurde fortwährend bestrahlte Luft durch die Röhre gesaugt, so entstand ein elektrischer Strom, wie wenn die Kugel mit der Röhrenwand durch einen schlechten Leiter verbunden gewesen wäre.

f) Es fragt sich, in welcher Weise die Luft die ihr von den X-Strahlen mitgeteilte Eigenschaft wieder verlieren kann. Ob sie sie von selbst, d. h. ohne mit anderen Körpern in Berührung zu kommen, mit der Zeit verliert, ist noch unentschieden. Sicher dagegen ist es, daß eine kurz dauernde Berührung mit einem Körper von großer Oberfläche, der nicht elektrisch zu sein braucht, die Luft unwirksam machen kann. Schiebt man z. B. einen genügend dicken Pfropf aus Watte in die Röhre so weit ein, daß die bestrahlte Luft die Watte durchstreichen muß, bevor sie zu der elektrischen Kugel gelangt, so bleibt die Ladung der Kugel auch beim Saugen unverändert.

Sitzt der Pfropf an einer Stelle, die vor dem Aluminiumfenster liegt, so erhält man dasselbe Resultat wie ohne Watte: ein Beweis, daß nicht etwa Staubteilchen die Ursache der beobachteten Entladung sind. Drahtgitter wirken ähnlich wie Watte; doch muß das Gitter sehr eng sein, und viele Lagen müssen übereinander gelegt werden, wenn die durchgestrichene, bestrahlte Luft unwirksam sein soll. Sind diese Gitter nicht, wie bisher angenommen, zur Erde abgeleitet, sondern mit einer Elektrizitätsquelle von konstantem Potential verbunden, so habe ich immer das beobachtet, was ich erwartet hatte; doch sind diese Versuche noch nicht abgeschlossen.

g) Befinden sich die elektrischen Körper statt in Luft in trockenem Wasserstoff, so werden sie ebenfalls durch die X-Strahlen entladen. Die Entladung in Wasserstoff schien mir etwas langsamer zu verlaufen, doch ist diese Angabe noch unsicher wegen der Schwierigkeit, bei aufeinander folgenden Versuchen gleiche Intensität der X-Strahlen zu erhalten.

Die Art und Weise der Füllung der Apparate mit Wasserstoff dürfte die Möglichkeit ausschließen, daß die anfänglich auf der Oberfläche der Körper vorhandene verdichtete Luftschicht bei der Entladung eine wesentliche Rolle gespielt hätte.

h) In stark evakuierten Räumen findet die Entladung eines direkt von den X-Strahlen getroffenen Körpers viel langsamer – in einem Fall z. B. ca. 70mal langsamer – statt, als in denselben Gefäßen, welche mit Luft oder Wasserstoff von Atmosphärendruck gefüllt sind.

i) Versuche über das Verhalten einer Mischung von Chlor und Wasserstoff unter dem Einfluß der X-Strahlen sind in Angriff genommen.

j) Schließlich möchte ich noch erwähnen, daß die Resultate von Untersuchungen über die entladende Wirkung der X-Strahlen, bei welchen der Einfluß des umgebenden Gases unberücksichtigt blieb, vielfach mit Vorsicht aufzunehmen sind.

19. In manchen Fällen ist es vorteilhaft, zwischen den die X-Strahlen liefernden Entladungsapparat und den *Ruhmkorff* einen *Tesla*schen Apparat (Kondensator und Transformator) einzuschalten. Diese Anordnung hat folgende Vorzüge: erstens werden die Entladungsapparate weniger leicht durchschlagen und weniger warm; zweitens hält sich das Vakuum, wenigstens bei meinen selbstangefertigten Apparaten, längere Zeit, und drittens liefern manche Apparate intensivere X-Strahlen. Bei Apparaten, die zu wenig oder zu stark evakuiert waren, um mit dem *Ruhmkorff* allein gut zu funktionieren, leistete die Anwendung des *Tesla*schen Transformators gute Dienste.

Es liegt die Frage nahe – und ich gestatte mir deshalb sie zu erwähnen, ohne zu ihrer Beantwortung vorläufig etwas beitragen zu können – ob auch durch eine kontinuierliche Entladung mit konstant bleibendem Entladungspotential X-Strahlen erzeugt werden können; oder ob nicht vielmehr Schwankungen dieses Potentials zum Entstehen derselben durchaus erforderlich sind.

20. In § 13 meiner ersten Veröffentlichung ist mitgeteilt, daß die X-Strahlen nicht bloß in Glas sondern auch in Aluminium entstehen können. Bei der Fortsetzung der Untersuchung nach dieser Richtung hin hat sich kein fester Körper ergeben, welcher nicht imstande wäre, unter dem Einfluß der Kathodenstrahlen X-Strahlen zu erzeugen. Es ist mir auch kein Grund bekannt geworden, weshalb sich flüssige und gasförmige Körper nicht ebenso verhalten würden.

Quantitative Unterschiede in dem Verhalten der verschiedenen Körper haben sich dagegen ergeben. Läßt man z. B. die Kathodenstrahlen auf eine Platte fallen, deren eine Hälfte aus einem 0,3 mm dicken Platinblech, deren andere Hälfte aus einem 1 mm dicken Aluminiumblech besteht, so beobachtet man an dem mit der Lochkamera aufgenommenen photographischen Bild dieser Doppelplatte, daß das Platinblech auf der von den Kathodenstrahlen getroffenen (Vorder-)Seite viel mehr X-Strahlen aussendet, als das Aluminiumblech auf der gleichen Seite. Von der Hinterseite dagegen gehen vom Platin so gut wie gar keine, vom Aluminium aber relativ viel X-Strahlen aus. Letztere Strahlen sind in den vorderen Schichten des Aluminiums erzeugt und durch die Platte hindurch gegangen.

Man kann sich von dieser Beobachtung leicht eine Erklärung verschaffen, doch dürfte es sich empfehlen, vorher noch weitere Eigenschaften der X-Strahlen zu erfahren.

Zu erwähnen ist aber, daß der gefundenen Tatsache auch eine praktische Bedeutung zukommt. Zur Erzeugung von möglichst intensiven X-Strahlen eignet sich nach meinen bisherigen Erfahrungen Platin am besten. Ich gebrauche seit einigen Wochen mit gutem Erfolg einen Entladungsapparat, bei dem ein Hohlspiegel aus Aluminium als Kathode, ein unter 45° gegen die Spiegelachse geneigtes, im Krümmungszentrum aufgestelltes Platinblech als Anode fungiert.

21. Die X-Strahlen gehen bei diesem Apparat von der Anode aus. Wie ich aus Versuchen mit verschieden geformten Apparaten schließen muß, ist es mit Rücksicht auf die Intensität der X-Strahlen gleichgültig, ob die Stelle, wo diese Strahlen erzeugt werden, die Anode ist oder nicht.

Speziell zu den Versuchen mit den Wechselströmen des *Tesla*-schen Transformators wird ein Entladungsapparat angefertigt, bei dem beide Elektroden Aluminiumhohlspiegel sind, deren Achsen miteinander einen rechten Winkel bilden; im gemeinschaftlichen Krümmungszentrum ist eine die Kathodenstrahlen auffangende Platinplatte angebracht. Über die Brauchbarkeit dieses Apparates soll später berichtet werden.

Abgeschlossen: 9. März 1896.
Würzburg. Physikal. Institut d. Universität.

Weitere Beobachtungen über die Eigenschaften der X-Strahlen

1. Stellt man zwischen einem Entladungsapparat, der intensive X-Strahlen aussendet[1]), und einem Fluoreszenzschirm eine undurchlässige Platte so auf, daß diese den ganzen Schirm beschattet, so kann man trotzdem noch ein Leuchten des Baryumplatinzyanürs bemerken. Dieses Leuchten ist sogar dann noch zu sehen, wenn der Schirm direkt auf der Platte liegt, und man ist auf den ersten Blick geneigt, die Platte doch für durchlässig zu halten. Bedeckt man aber den auf der Platte liegenden Schirm mit einer dicken Glasscheibe, so wird das Fluoreszenzlicht viel schwächer, und es verschwindet vollständig, wenn man, statt eine Glasplatte zu nehmen, den Schirm mit einem Zylinder aus 0,1 cm dickem Bleiblech umgibt, der einerseits durch die undurchlässige Platte, andererseits durch den Kopf des Beobachters abgeschlossen wird.

Die beschriebene Erscheinung könnte durch Beugung von sehr langwelligen Strahlen oder dadurch entstanden sein, daß von den den Entladungsapparat umgebenden bestrahlten Körpern, namentlich von der bestrahlten Luft, X-Strahlen ausgehen.

Die letztere Erklärung ist die richtige, wie sich unter anderem mit folgendem Apparate leicht nachweisen läßt. Fig. 1 stellt eine sehr dickwandige, 20 cm hohe und 10 cm weite Glasglocke dar, die durch eine aufgekittete, dicke Zinkplatte verschlossen ist. Bei 1 und 2 sind kreissegmentförmige Bleischeiben eingesetzt, die etwas größer sind als der halbe Querschnitt der Glocke und verhindern, daß X-Strahlen, welche durch eine in der Zinkplatte angebrachte, mit Zelluloidfilm wieder verschlossene Öffnung in die Glocke eindringen, auf direktem Wege zu dem über die Bleischeibe 2 gelegenen Raum gelangen. Auf der oberen Seite dieser Bleischeibe ist ein Baryumplatinzyanürschirmchen befestigt, das fast den ganzen Querschnitt der Glocke ausfüllt. Dasselbe kann weder von direkten, noch

[1]) Alle in der folgenden Mitteilung erwähnten Entladungsröhren sind nach dem in § 20 meiner zweiten Mitteilung (Sitzungsber. d. phys.-mediz. Gesellschaft zu Würzburg, Jahrg. 1895) angegebenen Prinzip konstruiert. Einen großen Teil davon erhielt ich von der Firma Greiner & Friedrichs in Stützerbach i. Th., der ich für das mir in reichstem Maße und kostenlos zur Verfügung gestellte Material öffentlich meinen Dank ausspreche. [Zu § 20 der zweiten Mitteilung sieh oben S. 41.]

von solchen Strahlen getroffen werden, die an einem festen Körper
(z. B. der Glaswand) eine einmalige diffuse Reflexion erlitten haben.
Die Glocke wird vor jedem Versuch mit staubfreier Luft gefüllt.
– Läßt man X-Strahlen in die Glocke eintreten, und zwar zunächst
so, daß sie alle von dem Bleischirm 1 aufgefangen werden, so sieht
man noch gar keine Fluoreszenz bei 2; erst wenn infolge von Neigen
der Glocke direkte Strahlen auch zu dem zwischen 1 und 2 gelegenen
Raum gelangen, leuchtet der Fluoreszenzschirm auf der von dem
Bleiblech 2 bedeckten Hälfte. Setzt man nun die Glocke in Verbindung mit einer Wasserstrahl-Luftpumpe, so bemerkt man, daß die
Fluoreszenz immer schwächer wird, je weiter die Verdünnung fort-
schreitet; wird darauf Luft eingelassen, so nimmt die Intensität wieder zu.

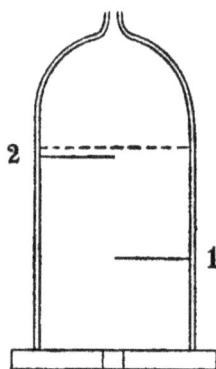

Fig. I.

Da nun, wie ich fand, die bloße Berührung mit kurz vorher be-
strahlter Luft keine merkliche Fluoreszenz des Baryumplatinzyanürs erzeugt, so ist aus dem beschriebenen Versuch zu schließen,
daß die Luft, während sie bestrahlt wird, nach allen Richtungen
X-Strahlen aussendet.

Würde unser Auge für die X-Strahlen ebenso empfindlich sein
wie für Lichtstrahlen, so würde ein in Tätigkeit gesetzter Entladungsapparat uns erscheinen, ähnlich wie ein in einem mit Tabak-
rauch gleichmäßig gefüllten Zimmer brennendes Licht; vielleicht
wäre die Farbe der direkten und der von den Luftteilchen kommenden Strahlen verschieden.

Die Frage, ob die von den bestrahlten Körpern ausgehenden Strahlen derselben Art sind wie die auffallenden, oder mit anderen Worten ob eine diffuse Reflexion oder ein der Fluoreszenz ähnlicher Vorgang die Ursache dieser Strahlen ist, habe ich noch nicht entscheiden können; daß auch die von der Luft kommenden Strahlen photographisch wirksam sind, läßt sich leicht nachweisen, und es macht sich diese Wirkung sogar manchmal in einer für den Beobachter unerwünschten Weise bemerkbar. Um sich gegen dieselben zu schützen, was namentlich bei längerer Expositionsdauer häufig notwendig ist, wird man die photographische Platte durch geeignete Bleihüllen abschließen müssen.

2. Zur Vergleichung der Intensität der Strahlung zweier Entladungsröhren und zu verschiedenen anderen Versuchen benutzte ich eine Vorrichtung, die dem *Bouguer*schen Photometer nachgebildet ist, und welche ich der Einfachheit halber auch Photometer nennen will. Ein 35 cm hohes, 150 cm langes und 0,15 cm dickes, rechteckiges Stück Bleiblech ist, durch Bretter gestützt, in der Mitte eines langen Tisches vertikal aufgestellt. Auf beiden Seiten desselben steht, auf dem Tisch verschiebbar, je eine Entladungsröhre. An dem einen Ende des Bleistreifens ist ein Fluoreszenzschirm[2]) so angebracht, daß jede Hälfte desselben nur von einer Röhre senkrecht bestrahlt wird. Bei den Messungen wird auf gleiche Helligkeit der Fluoreszenz beider Hälften eingestellt.

Einige Bemerkungen über den Gebrauch dieses Instrumentes mögen hier Platz finden. Zunächst ist zu erwähnen, daß die Einstellungen häufig sehr erschwert werden durch die Inkonstanz der Strahlenquelle; die Röhre reagiert auf jede Unregelmäßigkeit in der Unterbrechung des primären Stromes, und solche kommen beim *Deprez*schen, aber namentlich beim *Foucault*schen Unterbrecher vor. Eine mehrmalige Wiederholung jeder Einstellung ist daher geboten.

Zweitens möchte ich angeben, wovon die Helligkeit eines gegebenen Fluoreszenzschirmes abhängig ist, der in so rascher Aufeinan-

---

[2]) Bei diesen und anderen Versuchen hat sich der *Edison*sche Fluoreszenzschirm als sehr praktisch erwiesen. Derselbe besteht aus einem stereoskopähnlichen Gehäuse, das sich lichtdicht an den Kopf des Beobachters anlegen läßt, und dessen Kartonboden mit Baryumplatinzyanür bedeckt. *Edison* nimmt statt Baryumplatinzyanür Scheelit; ich ziehe aber ersteres aus manchen Gründen vor.

derfolge von X-Strahlen getroffen wird, daß das beobachtende Auge die Intermittenz der Bestrahlung nicht mehr wahrnimmt. Diese Helligkeit hängt ab 1. von der Intensität der Strahlung, die von der Platinplatte der Entladungsröhre ausgeht; 2. sehr wahrscheinlich von der Art der den Schirm treffenden Strahlen, denn nicht jede Strahlenart (vgl. unten) braucht in gleichem Maß fluoreszenzerregend zu wirken; 3. von der Entfernung des Schirmes von der Ausgangsstelle der Strahlen; 4. von der Absorption, die die Strahlen auf ihrem Wege bis zu dem Baryumplatinzyanür erleiden; 5. von der Anzahl der Entladungen in der Sekunde; 6. von der Dauer jeder einzelnen Entladung; 7. von der Dauer und der Stärke des Nachleuchtens des Baryumplatinzyanürs und 8. von der Bestrahlung des Schirmes durch die die Entladungsröhre umgebenden Körper. Um Irrtümer zu vermeiden, wird man immer daran denken müssen, daß hier im allgemeinen ähnliche Verhältnisse vorliegen, wie wenn man mit Hilfe der Fluoreszenzwirkung zwei verschiedenfarbige, intermittierende Lichtquellen zu vergleichen hätte, die von einer absorbierenden Hülle umgeben in einem trüben – oder fluoreszierenden – Medium aufgestellt sind.

3. Nach § 12 meiner ersten Mitteilung[3]) ist die von den Kathodenstrahlen getroffene Stelle des Entladungsapparates der Ausgangsort der X-Strahlen und zwar breiten sich diese »nach allen Richtungen« aus. Es ist nun von Interesse, zu erfahren, wie die Intensität der Strahlen sich mit der Richtung ändert. Zu dieser Untersuchung eignen sich am besten die kugelförmigen Entladungsapparate mit gut eben geschliffener Platinplatte, die unter einem Winkel von 45° von den Kathodenstrahlen getroffen wird. Schon ohne weitere Hilfsmittel glaubt man an der gleichmäßig hellen Fluoreszenz der über der Platinplatte liegenden halbkugelförmigen Glaswand erkennen zu können, daß sehr große Verschiedenheiten der Intensitäten in verschiedenen Richtungen nicht vorhanden sind, daß somit das *Lambert*sche Emanationsgesetz hier nicht gültig sein kann; doch dürfte diese Fluoreszenz zum größten Teil durch Kathodenstrahlen erzeugt sein.

Zur genaueren Prüfung wurden verschiedene Röhren mit dem

---

[3]) Sitzungsberichte der physik.-mediz. Gesellschaft zu Würzburg. Jahrg. 1895. [Sieh oben S. 34.]

Photometer auf die Intensität der Strahlung nach verschiedenen Richtungen untersucht, und außerdem habe ich zu demselben Zweck photographische Films exponiert, die um die Platinplatte des Entladungsapparates als Mittelpunkt zu einem Halbkreis (Radius 25 cm) gebogen waren. Bei beiden Verfahren wirkt die Ungleichheit der Dicke verschiedener Stellen der Röhrenwand sehr störend, weil dadurch die nach verschiedenen Richtungen ausgehenden X-Strahlen in ungleichem Maße zurückgehalten werden. Doch gelingt es wohl, die durchstrahlte Glasdicke durch Einschaltung von dünnen Glasplatten ziemlich gleich zu machen.

Das Resultat dieser Versuche ist, daß die Bestrahlung einer über der Platinplatte als Mittelpunkt konstruiert gedachten Halbkugel fast bis zum Rande derselben eine nahezu gleichmäßige ist. Erst bei einem Emanationswinkel von etwa 80° der X-Strahlen konnte ich den Anfang einer Abnahme der Bestrahlung bemerken, und auch diese Abnahme ist noch eine relativ geringe, so daß die Hauptänderung der Intensität zwischen 89° und 90° vorhanden ist.

Einen Unterschied in der Art der unter verschiedenen Winkeln emittierten Strahlen habe ich nicht bemerken können.

Infolge der beschriebenen Intensitätsverteilung der X-Strahlen müssen die Bilder, welche mit einer Lochkamera – bzw. mit einem engen Spalt – von der Platinplatte, sei es auf dem Fluoreszenzschirm oder auf der photographischen Platte, erhalten werden, um so intensiver sein, je größer der Winkel ist, den die Platinplatte mit dem Schirm oder der photographischen Platte bildet; vorausgesetzt, daß dieser Winkel 80° nicht überschreitet. Durch geeignete Vorrichtungen, welche gestatteten, die bei verschiedenen Winkeln mit derselben Entladungsröhre gleichzeitig erhaltenen Bilder miteinander zu vergleichen, konnte ich diese Folgerung bestätigen.

Einen ähnlichen Fall von Intensitätsverteilung ausgesandter Strahlen treffen wir in der Optik bei der Fluoreszenz an. Läßt man in einen mit Wasser gefüllten, viereckigen Trog einige Tropfen Fluoreszein-Lösung fallen und beleuchtet den Trog mit weißem oder violettem Licht, so bemerkt man, daß das hellste Fluoreszenzlicht von den Rändern der langsam herabsinkenden Fluoreszeinfäden ausgeht, d.h. von den Stellen, wo der Emanationswinkel des Fluoreszenzlichtes am größten ist. Wie schon Hr. *Stokes* bei Gelegenheit eines ähnlichen Versuches bemerkte, rührt diese Erscheinung daher, daß die Fluoreszenz erregenden Strahlen von der Fluoreszein-Lösung bedeutend stärker absorbiert werden als das Fluoreszenzlicht. Es ist nun sehr bemerkenswert, daß auch die die X-Strahlen erzeugenden Kathodenstrahlen von Platin viel stärker absorbiert werden als die X-Strahlen, und es liegt deshalb nahe, zu vermuten, daß zwischen den beiden Vorgängen – der Verwandlung von Licht in Fluoreszenzlicht und der von Kathodenstrahlen in X-Strahlen – eine Verwandtschaft besteht. Irgend ein zwingender Grund für eine solche Annahme ist indessen vorläufig noch nicht vorhanden.

Auch mit Rücksicht auf die Technik der Herstellung von Schattenbildern mittels X-Strahlen haben die Beobachtungen über die Intensitätsverteilung der von der Platinplatte ausgehenden Strahlen eine gewisse Bedeutung. Nach dem oben mitgeteilten wird es sich empfehlen, die Entladungsröhre so aufzustellen, daß die zur Bildererzeugung verwendeten Strahlen das Platin unter einem möglichst großen, jedoch nicht viel über 80° hinausgehenden Winkel verlassen; dadurch erhält man möglichst scharfe Bilder, und wenn die Platinplatte gut eben und die Konstruktion der Röhre eine derartige ist, daß die schräg emittierten Strahlen keine wesentlich dickere Glaswand zu durchlaufen haben als die senkrecht von der Platinplatte ausgehenden Strahlen, so erleidet auch die Bestrahlung des Objektes durch die angegebene Anordnung keine Einbuße an Intensität.

4. Mit »Durchlässigkeit eines Körpers« bezeichnete ich in meiner ersten Mitteilung das Verhältnis der Helligkeit eines dicht hinter dem Körper senkrecht zu den Strahlen gehaltenen Fluoreszenzschirmes zu derjenigen Helligkeit des Schirmes, welche dieser ohne Zwischenschaltung des Körpers aber unter sonst gleichen Verhältnissen zeigt. Spezifische Durchlässigkeit eines Körpers soll die auf die Dickeneinheit reduzierte Durchlässigkeit des Körpers genannt werden; dieselbe ist gleich der d^{ten} Wurzel aus der Durchlässigkeit, wenn d die Dicke der durchstrahlenden Schicht, in der Richtung der Strahlen gemessen, bedeutet.

Um die Durchlässigkeit zu bestimmen, habe ich seit meiner ersten Mitteilung hauptsächlich das oben beschriebene Photometer gebraucht. Vor die eine der beiden gleich hell fluoreszierenden Hälften des Schirmes wurde der betreffende plattenförmige Körper – Aluminium, Stanniol, Glas usw. – gebracht, und die dadurch entstandene Ungleichheit der Helligkeiten wieder ausgeglichen entweder durch Vergrößerung der Entfernung des die nicht bedeckte Schirmhälfte bestrahlenden Entladungsapparates oder durch Nähern des andern. In beiden Fällen ist das richtig genommene Verhältnis der Quadrate der Entfernungen der Platinplatte des Entladungsapparates vom Schirm vor und nach der Verschiebung des Apparates der gesuchte Wert der Durchlässigkeit des vorgesetzten Körpers. Beide Wege führten zu demselben Resultat. Nach Hinzufügen einer zweiten Platte zu der ersten findet man in derselben Weise die Durchlässigkeit jener zweiten Platte für Strahlen, die bereits durch eine Platte hindurchgegangen sind.

Das beschriebene Verfahren setzt voraus, daß die Helligkeit eines Fluoreszenzschirmes umgekehrt proportional ist dem Quadrat seiner Entfernung von der Strahlenquelle, und dies trifft nur dann zu, wenn erstens die Luft keine X-Strahlen absorbiert bzw. emittiert, und wenn zweitens die Helligkeit des Fluoreszenzlichtes der Intensität der Bestrahlung durch Strahlen gleicher Art proportional ist. Die erstere Bedingung ist nun sicher nicht erfüllt, und von der zweiten ist es fraglich, ob sie erfüllt ist; ich habe mich deshalb zuerst durch Versuche, wie sie bereits in § 10 meiner ersten Mitteilung beschrieben wurden, davon überzeugt, daß die Abweichungen von dem erwähnten Proportionalitätsgesetz so gering sind, daß sie in dem vorliegenden Fall außer Betracht gelassen werden können. – Auch ist noch mit Rücksicht auf die Tatsache, daß von den bestrahlten Körpern wieder X-Strahlen ausgehen, zu erwähnen erstens, daß ein Unterschied in der Durchlässigkeit einer 0,925 mm dicken Aluminiumplatte und von 31 übereinander gelegten Aluminiumblättern von 0,0299 mm Dicke – 31 × 0,0299 = 0,927 – mit dem Photometer nicht gefunden werden konnte; und zweitens, daß die Helligkeit des Fluoreszenzschirmes nicht merklich verschieden war, wenn die Platte dicht vor dem Schirm, oder in größerer Entfernung von demselben aufgestellt wurde.

Das Ergebnis dieser Durchlässigkeitsversuche ist nun für Aluminium folgendes:

Durchlässigkeit für senkrecht auffallende Strahlen	Röhre 2	Röhre 3	Röhre 4	Röhre 2
Der ersten 1 mm dicken Alum.-Platte	0,40	0,45	–	0,68
Der zweiten 1 mm dicken Alum.-Platte	0,55	0,68	–	0,73
Der ersten 2 mm dicken Alum.-Platte	–	0,30	0.39	0,50
Der zweiten 2 mm dicken Alum.-Platte	–	0,39	0,54	0,63

Aus diesen und ähnlichen mit Glas und Stanniol aufgestellten Versuchen entnehmen wir zunächst folgendes Resultat: denkt man sich die untersuchten Körper in gleich dicke, zu den parallelen Strahlen senkrechte Schichten zerlegt, so ist jede dieser Schichten für die in sie eindringenden Strahlen durchlässiger als die vorhergehende; oder mit andern Worten: die spezifische Durchlässigkeit eines Körpers ist um so größer, je dicker der betreffende Körper ist.

Dieses Resultat ist vollständig in Einklang mit dem, was man an der in § 4 meiner ersten Mitteilung erwähnten Photographie einer Stanniolskala beobachten kann, und auch mit der Tatsache, daß sich mitunter auf photographischen Bildern der Schatten dünner Schichten, z. B. von dem zum Einwickeln der Platte verwendeten Papier verhältnismäßig stark bemerkbar macht.

5. Wenn zwei Platten aus verschiedenen Körpern gleich durchlässig sind, so braucht diese Gleichheit nicht mehr zu bestehen, wenn die Dicke der beiden Platten in demselben Verhältnis und sonst nichts verändert wird. Diese Tatsache läßt sich am einfachsten nachweisen mit Hilfe von zwei nebeneinander gelegten Skalen aus Platin bzw. aus Aluminium. Ich benutze dazu Platinfolie von 0,0026 mm und Aluminiumfolie von 0,0299 mm Dicke. Brachte ich die Doppelskala vor den Fluoreszenzschirm oder vor eine photographische Platte und bestrahlte dieselben, so fand ich z. B. in einem Fall, daß eine einfache Platinschicht gleich durchlässig war, wie eine sechsfache Aluminiumschicht; dann war aber die Durchlässigkeit einer zweifachen Platinschicht nicht gleich der einer zwölffachen, sondern der einer sechzehnfachen Aluminiumschicht. Bei Verwendung einer anderen Entladungsröhre erhielt ich 1 Platin = 8 Aluminium bzw. 8 Platin = 90 Aluminium. Aus diesen Versuchen folgt, daß das

Verhältnis der Dicken von Platin und Aluminium gleicher Durchlässigkeit um so kleiner ist, je dicker die betreffenden Schichten sind.

6. Das Verhältnis der Dicken von zwei gleich durchlässigen Platten aus verschiedenem Material ist abhängig von der Dicke und dem Material desjenigen Körpers – z. B. der Glaswand des Entladungsapparates –, den die Strahlen zu durchlaufen haben, bevor sie die betreffenden Platten erreichen.

Um dieses – nach dem in § 4 und 5 mitgeteilten nicht unerwartete – Resultat nachzuweisen, kann man eine Vorrichtung gebrauchen, die ich ein Platin-Aluminiumfenster nenne, und die auch, wie wir sehen werden, zu anderen Zwecken verwendbar ist. Dieselbe besteht aus einem auf einem dünnen Papierschirm aufgeklebten, rechteckigen (4,0 cm × 6,5 cm) Stück Platinfolie von 0,0026 mm Dicke, das mittels eines Durchschlages mit 15 auf drei Reihen verteilten runden Löchern von 0,7 cm Durchmesser versehen ist. Diese Fensterchen sind verdeckt mit genau passenden und sorgfältig übereinander geschichteten Scheibchen aus 0,0299 mm dicker Aluminiumfolie, und zwar so, daß in dem ersten Fensterchen ein, im zweiten zwei usw., schließlich im fünfzehnten fünfzehn Scheibchen liegen. Bringt man diese Vorrichtung vor den Fluoreszenzschirm, so erkennt man namentlich bei nicht zu harten Röhren (vergl. unten) sehr deutlich, wieviel Aluminiumblättchen gleich durchlässig sind, wie die Platinfolie. Diese Anzahl soll kurz die Fensternummer genannt werden.

Als Fensternummer erhielt ich in einem Fall bei *direkter* Bestrahlung die Zahl 5; wurde dann eine 2 mm dicke Platte aus gewöhnlichem Natronglas vorgehalten, so ergab sich die Fensternummer 10; es war somit das Verhältnis der Dicken von Platin- und Aluminiumblechen gleicher Durchlässigkeit dadurch auf die Hälfte reduziert, daß ich statt der direkt von dem Entladungsapparat kommenden Strahlen solche benutzte, die durch eine 2 mm dicke Glasplatte hindurchgegangen waren, q. e. d.

Auch der folgende Versuch verdient an dieser Stelle einer Erwähnung. Das Platin-Aluminiumfenster wurde auf ein Päckchen, das 12 photographische Films enthielt, gelegt und dann exponiert; nach dem Entwickeln zeigte das erste unter dem Fenster gelegene Blatt die Fensternummer 10, das zwölfte die Nummer 13 und die übrigen in richtiger Reihenfolge die Übergänge von 10 zu 13.

7. Die in den §§ 4, 5 und 6 mitgeteilten Versuche beziehen sich auf die Veränderungen, welche die von einer Entladungsröhre ausgehenden X-Strahlen beim Durchgang durch verschiedene Körper erleiden. Es soll nun nachgewiesen werden, daß ein und derselbe Körper bei gleicher durchstrahlter Dicke verschieden durchlässig sein kann für Strahlen, die von verschiedenen Röhren emittiert werden.

In der folgenden Tabelle sind zu diesem Zweck die Werte der Durchlässigkeit einer 2 mm dicken Aluminiumplatte für die in verschiedenen Röhren erzeugten Strahlen angegeben. Einige dieser Werte sind der ersten Tabelle S. 50 entnommen.

Durchlässigkeit	Röhre 1	Röhre 2	Röhre 3	Röhre 4	Röhre 2	Röhre 5
Für senkrecht auffallende Strahlen einer 2 mm dicken Aluminiumplatte	0,0044	0,22	0,30	0,39	0,50	0,59

Die Entladungsröhren unterschieden sich nicht wesentlich durch ihre Konstruktion oder durch die Dicke ihrer Glaswand, sondern hauptsächlich durch den Grad der Verdünnung ihres Gasinhaltes und das dadurch bedingte Entladungspotential; die Röhre 1 erfordert das kleinste, die Röhre 5 das größte Entladungspotential, oder wie wir der Kürze halber sagen wollen: die Röhre 1 ist die weichste, die Röhre 5 die härteste. Derselbe *Ruhmkorff* – und zwar in direkter Verbindung mit den Röhren – derselbe Unterbrecher und dieselbe primäre Stromstärke wurden in allen Fällen benutzt.

Ähnlich wie das Aluminium verhalten sich die vielen anderen von mir untersuchten Körper: alle sind für Strahlen einer härteren Röhre durchlässiger als für Strahlen einer weicheren Röhre[4]). Diese Tatsache scheint mir einer besonderen Beachtung wert zu sein.

Auch das Verhältnis der Dicken von zwei gleich durchlässigen

---

[4]) Über das Verhalten »nicht normaler« Röhren siehe unten S. 56

Platten verschiedener Körper stellt sich als abhängig von der Härte der benutzten Entladungsröhre heraus. Man erkennt das sofort mit dem Platin-Aluminiumfenster (§ 5); mit einer sehr weichen Röhre findet man z. B. die Fensternummer 2 und für sehr harte, sonst gleiche Röhren reicht die bis Nr. 15 gehende Skala gar nicht aus. Das heißt also, daß das Verhältnis der Dicken von Platin und Aluminium gleicher Durchlässigkeit um so kleiner ist, je härter die Röhren sind, aus denen die Strahlen kommen, oder – mit Rücksicht auf das oben mitgeteilte Resultat – je weniger absorbierbar die Strahlen sind.

Das verschiedene Verhalten der in verschieden harten Röhren erzeugten Strahlen macht sich selbstverständlich auch in den bekannten Schattenbildern von Händen usw. bemerkbar. Mit einer sehr weichen Röhre erhält man dunkle Bilder, in denen die Knochen wenig hervortreten; bei Anwendung einer härteren Röhre sind die Knochen sehr deutlich und in allen Details sichtbar, die Weichteile dagegen schwach, und mit einer sehr harten Röhre erhält man auch von den Knochen nur schwache Schatten. Aus dem Gesagten geht hervor, daß die Wahl der zu benutzenden Röhre sich nach der Beschaffenheit des abzubildenden Gegenstandes richten muß.

8. Es bleibt noch übrig mitzuteilen, daß die Qualität der von einer und derselben Röhre gelieferten Strahlen von verschiedenen Umständen abhängig ist. Wie die Untersuchung mit dem Platin-Aluminiumfenster lehrt, wird dieselbe beeinflußt: 1. von der Art und Weise, wie der *Deprez*- oder *Foucault*-Unterbrecher[5] am Induktionsapparat wirkt, d. h. von dem Verlauf des primären Stromes. Hierher gehört die häufig zu beobachtende Erscheinung, daß einzelne von den rasch auf einander folgenden Entladungen X-Strahlen erzeugen, die nicht nur besonders intensiv sind, sondern sich auch durch ihre Absorbierbarkeit von den andern unterscheiden. 2. Durch eine Funkenstrecke, welche in den sekundären Kreis vor den Entladungsapparat eingeschaltet wird. 3. Durch Einschaltung eines *Tesla*-Transformators. 4. Durch den Grad der Verdünnung des Entladungsapparats (wie schon erwähnt). 5. Durch ver-

[5] Ein guter *Deprez*-Unterbrecher funktioniert regelmäßiger als ein *Foucault*-Unterbrecher; der letztere nutzt jedoch den primären Strom besser aus.

schiedene noch nicht genügend erkannte Vorgänge im Innern der Entladungsröhre. Einzelne dieser Faktoren verdienen eine etwas mehr eingehende Besprechung.

Nehmen wir eine noch nicht gebrauchte und nicht evakuierte Röhre und setzen dieselbe an die Quecksilberpumpe an, so werden wir nach dem nötigen Pumpen und Erwärmen der Röhre einen Verdünnungsgrad erreichen, bei welchem die ersten X-Strahlen sich durch schwaches Leuchten des nahen Fluoreszenzschirmes bemerkbar machen. Eine parallel zur Röhre geschaltete Funkenstrecke liefert Funken von wenigen Millimetern Länge, das Platin-Aluminiumfenster zeigt sehr niedrige Nummern, die Strahlen sind sehr absorbierbar. Die Röhre ist »sehr weich«. Wenn nun eine Funkenstrecke vorgeschaltet, oder ein *Tesla*-Transformator eingeschaltet wird[6]), so entstehen intensivere und weniger absorbierbare Strahlen. So fand ich z. B. in einem Fall, daß durch Vergrößerung der vorgeschalteten Funkenstrecke die Fensternummer allmählich von 2,5 auf 10 heraufgebracht werden konnte.

(Diese Beobachtungen führten mich zu der Frage, ob nicht auch bei noch höheren Drucken durch Anwendung eines *Tesla*-Transformators X-Strahlen zu erhalten sind. Dies ist in der Tat der Fall: mit einer engen Röhre mit drahtförmigen Elektroden konnte ich noch X-Strahlen erhalten, wenn der Druck der eingeschlossenen Luft 3,1 mm Quecksilber betrug. Wurde statt Luft Wasserstoff genommen, so durfte der Druck noch größer sein. Den geringsten Druck, bei welchem in Luft noch X-Strahlen erzeugt werden können, konnte ich nicht feststellen; derselbe liegt aber jedenfalls unter 0,0002 mm Quecksilber, so daß das Druckgebiet, innerhalb dessen überhaupt X-Strahlen entstehen können, schon jetzt ein sehr großes ist.)

Weiteres Evakuieren der »sehr weichen« – direkt mit dem Induktorium verbundenen – Röhre hat zur Folge, daß die Strahlung intensiver wird, und daß ein größerer Bruchteil derselben durch die be-

---

[6]) Daß eine vorgeschaltete Funkenstrecke ähnlich wie ein eingeschalteter *Tesla*-Transformator wirkt, habe ich in der französischen Ausgabe meiner zweiten Mitteilung (Archives des Sciences physiques etc. de Genève, 1896) erwähnen können; in der deutschen Ausgabe ist diese Bemerkung durch ein Versehen weggeblieben.

strahlten Körper hindurch geht: eine vor den Fluoreszenzschirm gehaltene Hand ist durchlässiger als vorher, und es ergeben sich am Platin-Aluminiumfenster höhere Fensternummern. Gleichzeitig mußte die parallel geschaltete Funkenstrecke vergrößert werden, um die Entladung durch die Röhre gehen zu lassen: die Röhre ist »härter« geworden. – Pumpt man die Röhre noch mehr aus, so wird sie so »hart«, daß die Funkenstrecke über 20 cm lang gemacht werden muß, und nun sendet die Röhre Strahlen aus, für welche die Körper ungemein durchlässig sind: 4,0 cm dicke Eisenplatten, mit dem Fluoreszenzschirm untersucht, erwiesen sich noch als durchlässig.

Das beschriebene Verhalten einer mit der Quecksilberpumpe und mit dem Induktorium direkt verbundenen Röhre ist das normale; Abweichungen von dieser Regel, die durch die Entladungen selbst bewirkt werden, kommen häufig vor. Das Verhalten der Röhren ist überhaupt manchmal ein ganz unberechenbares.

Das Hartwerden einer Röhre dachten wir uns durch fortgesetztes Evakuieren mit der Pumpe erzeugt; dasselbe kann auch in anderer Weise geschehen. So wird eine von der Pumpe abgeschmolzene, mittelharte Röhre auch von selbst – mit Rücksicht auf die Dauer ihrer Verwendbarkeit leider – fortwährend härter, wenn sie in richtiger Weise zum Erzeugen von X-Strahlen verwendet wird, d. h., wenn Entladungen, die das Platin nicht oder nur schwach zum Glühen bringen, durchgeschickt werden. Es findet eine allmähliche Selbstevakuierung statt.

Mit einer solchen sehr hart gewordenen Röhre habe ich von dem Doppellauf eines Jagdgewehres mit eingesteckten Patronen ein sehr schönes photographisches Schattenbild erhalten, in welchem alle Details der Patronen, die inneren Fehler der Damastläufe usw. sehr deutlich und scharf erkennbar sind. Der Abstand der Platinplatte der Entladungsröhre bis zur photographischen Platte betrug 15 cm, die Expositionsdauer 12 Minuten – verhältnismäßig lang infolge der geringeren photographischen Wirkung der wenig absorbierbaren Strahlen (vgl. unten). Der *Deprez*-Unterbrecher mußte durch den *Foucault*-Unterbrecher ersetzt werden. Es würde von Interesse sein, Röhren zu konstruieren, welche gestatten, noch höhere Entladungspotentiale anzuwenden, als bisher möglich war.

Als Ursache des Hartwerdens einer von der Pumpe abgeschmolzenen Röhre wurde oben die Selbstevakuierung infolge von Entladungen angegeben; indessen ist dies nicht die einzige Ursache, es finden auch an den Elektroden Veränderungen statt, die dasselbe bewirken. Worin dieselben bestehen, weiß ich nicht.

Eine zu hart gewordene Röhre kann weicher gemacht werden: durch Einlassen von Luft, manchmal auch durch Erwärmen der Röhre oder Umkehren der Stromrichtung und schließlich durch sehr kräftige hindurchgeschickte Entladungen. Im letzten Fall hat aber die Röhre meistens andere Eigenschaften als die oben beschriebenen bekommen: so beansprucht sie z. B. manchmal ein sehr großes Entladungspotential und liefert doch Strahlen von verhältnismäßig geringer Fensternummer und großer Absorbierbarkeit. Auf das Verhalten dieser »nicht normalen« Röhren möchte ich nicht weiter eingehen. – Die von Hrn. *Zehnder* konstruierten Röhren mit regulierbarem Vakuum, welche ein Stückchen Lindenkohle enthalten, haben mir sehr gute Dienste geleistet.

Die in diesem Paragraphen mitgeteilten Beobachtungen und andere haben mich zu der Ansicht geführt, daß die Zusammensetzung der von einer mit Platinanode versehenen Entladungsröhre ausgesandten Strahlen wesentlich bedingt ist durch den zeitlichen Verlauf des Entladungsstromes. Der Verdünnungsgrad, die Härte, spielt nur deshalb eine Rolle, weil davon die Form der Entladung abhängig ist. Wenn man die für das Zustandekommen der X-Strahlen nötige Entladungsform in irgend einer Weise herzustellen vermag, können auch X-Strahlen erhalten werden, selbst bei relativ hohen Drucken.

Schließlich ist es noch erwähnenswert, daß die Qualität der von einer Röhre erzeugten Strahlen gar nicht oder nur wenig geändert wird durch beträchtliche Veränderungen der Stärke des primären Stromes; vorausgesetzt, daß der Unterbrecher in allen Fällen gleich funktioniert. Dagegen ergibt sich die Intensität der X-Strahlen innerhalb gewisser Grenzen proportional der Stärke des primären Stromes, wie folgender Versuch zeigt. Die Entfernungen vom Entladungsapparat, in welchem die Fluoreszenz des Baryumplatinzyanürschirmes in einem speziellen Fall noch eben bemerkbar war, betrugen 18,1 m, 25,7 m und 37,5 m, wenn die Stärke des primären Stromes von 8 auf 16 und 32 Amp. vergrößert wurde. Die Quadrate jener Entfernungen stehen in nahezu demselben Verhältnis zueinander wie die entsprechenden Stromstärken.

9. Die in den fünf letzten Paragraphen aufgeführten Resultate ergaben sich unmittelbar aus den einzelnen mitgeteilten Versuchen. Überblickt man die Gesamtheit dieser Einzelresultate, so kommt man, zum Teil geleitet durch die Analogie, welche zwischen dem Verhalten der optischen und der X-Strahlen besteht, zu folgenden Vorstellungen:

a) Die von einem Entladungsapparate ausgehende Strahlung besteht aus einem Gemisch von Strahlen verschiedener Absorbierbarkeit und Intensität.

b) Die Zusammensetzung dieses Gemisches ist wesentlich von dem zeitlichen Verlauf des Entladungsstromes abhängig.

c) Die bei der Absorption von den Körpern bevorzugten Strahlen sind für die verschiedenen Körper verschieden.

d) Da die X-Strahlen durch die Kathodenstrahlen entstehen, und beide gemeinsame Eigenschaften haben – Fluoreszenzerzeugung, photographische und elektrische Wirkungen, eine Absorbierbarkeit, deren Größe wesentlich durch die Dichte der durchstrahlten Medien bedingt ist usw. –, so liegt die Vermutung nahe, daß beide Erscheinungen Vorgänge derselben Natur sind. Ohne mich zu dieser Ansicht bedingungslos bekennen zu wollen, möchte ich doch bemerken, daß die Resultate der letzten Paragraphen geeignet sind, eine Schwierigkeit, die sich jener Vermutung bis jetzt entgegenstellte, zu heben. Diese Schwierigkeit besteht einmal in der großen Verschiedenheit zwischen der Absorbierbarkeit der von Herrn *Lenard* untersuchten Kathodenstrahlen und der der X-Strahlen, und zweitens darin, daß die Durchlässigkeit der Körper für jene Kathodenstrahlen nach einem anderen Gesetz von der Dichte der Körper abhängig ist als die Durchlässigkeit für die X-Strahlen.

Was zunächst den ersten Punkt anbetrifft, so ist zweierlei zu erwägen. 1. Wir haben in § 7 gesehen, daß es X-Strahlen von sehr verschiedener Absorbierbarkeit gibt, und wissen durch die Untersuchungen von *Hertz* und *Lenard*, daß auch die verschiedenen Kathodenstrahlen sich durch ihre Absorbierbarkeit voneinander unterscheiden; wenn somit auch die auf S. 52 erwähnte »weichste Röhre« X-Strahlen lieferte, deren Absorbierbarkeit noch bei weitem nicht an die der von Herrn *Lenard* untersuchten Kathodenstrahlen heranreicht, so gibt es doch ohne Zweifel X-Strahlen von noch größerer und andererseits Kathodenstrahlen von noch kleinerer Absorbierbarkeit. Es erscheint deshalb wohl möglich, daß bei späteren Versuchen Strahlen gefunden wurden, die, was ihre Absorbierbarkeit anbetrifft, den Übergang von der einen Strahlenart zur anderen bilden. 2. Wir fanden in § 4, daß die spezifische Durchlässigkeit eines Körpers desto kleiner ist, je dünner die durchstrahlte Platte ist. Hätten wir folglich zu unseren Versuchen so dünne Platten genommen wie Herr *Lenard*, so würden wir für die Absorbierbarkeit der X-Strahlen Werte gefunden haben, die den *Lenard*schen näher gelegen wären.

Bezüglich des verschiedenen Einflusses der Dichte der Körper auf die Absorbierbarkeit der X-Strahlen und der Kathodenstrahlen ist zu sagen, daß dieser Unterschied auch um so kleiner gefunden wird, je stärker absorbierbare X-Strahlen zu dem Versuch gewählt werden (§ 7 und § 8) und je dünner die durchstrahlten Platten sind (§ 5). Folglich ist die Möglichkeit zuzugeben, daß dieser Unterschied in dem Verhalten der beiden Strahlenarten gleichzeitig mit dem zuerst genannten durch weitere Versuche zum Verschwinden gebracht werden kann.

Am nächsten stehen sich in ihrem Verhalten bei der Absorption die in sehr harten Röhren vorzugsweise vorhandenen Kathodenstrahlen und die in sehr weichen Röhren von der Platinplatte vorzugsweise ausgehenden X-Strahlen.

10. Außer der Fluoreszenzerregung üben die X-Strahlen bekanntermaßen noch photographische, elektrische und andere Wirkungen aus, und es ist von Interesse zu wissen, inwieweit dieselben miteinander parallel gehen, wenn die Strahlenquelle geändert wird. Ich habe mich darauf beschränken müssen, die beiden zuerst genannten Wirkungen miteinander zu vergleichen.

Dazu eignet sich zunächst wieder das Platin-Aluminiumfenster. Ein Exemplar davon wurde auf eine eingehüllte photographische Platte gelegt, ein zweites vor den Fluoreszenzschirm gebracht und dann beide in gleichem Abstand von dem Entladungsapparat aufgestellt. Die X-Strahlen hatten bis zur empfindlichen Schicht der photographischen Platte bzw. bis zum Baryumplatinzyanür genau dieselben Medien zu durchlaufen. Während der Exposition beobachtete ich den Schirm und konstatierte die Fensternummer; nach dem Entwickeln wurde auf der photographischen Platte ebenfalls die Fensternummer bestimmt und dann wurden beide Nummern miteinander verglichen. Das Resultat solcher Versuche ist, daß bei Anwendung von weicheren Röhren (Fensternummer 4–7) kein Unterschied zu bemerken war; bei Anwendung von härteren Röhren schien es mir, als ob die Fensternummer auf der photographischen Platte ein wenig, aber höchstens eine Einheit, niedriger war als die mittels des Fluoreszenzschirmes bestimmte. Indessen ist diese Beobachtung, wenn auch wiederholt bestätigt gefunden, doch nicht ganz einwurfsfrei, weil die Bestimmung der hohen Fensternummer am Fluoreszenzschirm ziemlich unsicher ist. Völlig sicher dagegen ist das folgende Ergebnis. Stellt man an dem in § 2 beschriebenen Photometer eine harte und eine weiche Röhre auf gleiche Helligkeit des Fluoreszenzschirmes ein und bringt dann eine photographische Platte an die Stelle des Schirmes, so bemerkt man nach dem Entwickeln dieser Platte, daß die von der harten Röhre bestrahlte Plattenhälfte beträchtlich weniger geschwärzt ist als die andere. Die Bestrahlungen, die gleiche Intensität der Fluoreszenz erzeugten, wirkten photographisch verschieden.

Bei der Beurteilung diese Resultats darf man nicht außer Betracht lassen, daß weder der Fluoreszenzschirm noch die photographische Platte die auffallenden Strahlen vollständig ausnutzen; beide lassen noch viel Strahlen hindurch, die wieder Fluoreszenz bzw. photographische Wirkungen hervorrufen können. Das mitgeteilte Resultat gilt demnach zunächst nur für die gebräuchliche Dicke der empfindlichen photographischen Schicht und des Baryumplatinzyanürbeleges.

Wie sehr durchlässig die empfindliche Schicht der photographischen Platte sogar für X-Strahlen von Röhren mittlerer Härte ist, beweist ein Versuch mit 96 aufeinander gelegten, in 25 cm Entfernung von der Strahlenquelle 5 Minuten lang exponierten und durch eine Bleiumhüllung gegen die Strahlung der Luft geschützten Films. Noch auf dem letzten derselben ist eine photographische Wirkung deutlich zu erkennen, während der erste kaum überexponiert ist. Durch diese und ähnliche Beobachtungen veranlaßt, habe ich bei einigen Firmen für photographische Platten angefragt, ob es nicht möglich wäre, Platten herzustellen, die für die Photographie mit X-Strahlen geeigneter wären als die gewöhnlichen. Die eingesandten Proben waren jedoch nicht brauchbar.

Ich hatte, wie schon auf S. 55 erwähnt, häufig Gelegenheit, wahrzunehmen, daß sehr harte Röhren unter sonst gleichen Umständen eine längere Expositionsdauer beanspruchen als mittelharte, es ist dies verständlich, wenn man sich des in § 9 mitgeteilten Resultates erinnert, wonach alle untersuchten Körper für Strahlen, die von harten Röhren emittiert werden, durchlässiger sind als für die von weichen Röhren ausgehenden. Daß mit sehr weichen Röhren wieder lang exponiert werden muß, läßt sich durch die geringere Intensität der von denselben ausgesandten Strahlen erklären.

Wenn die Intensität der Strahlen durch Vergrößerung der primären Stromstärke (vgl. S. 56) vermehrt wird, so wird die photographische Wirkung in demselben Maß gesteigert wie die Intensität der Fluoreszenz; und es dürfte in diesem und in jenem oben besprochenen Fall, wo die Intensität der Bestrahlung des Fluoreszenzschirmes durch Veränderung des Abstandes des Schirmes von der Strahlenquelle geändert wird, die Helligkeit der Fluoreszenz – wenigstens sehr nahezu – proportional der Intensität der Bestrahlung sein. Es ist aber nicht erlaubt, diese Regel allgemein anzuwenden.

11. Zum Schluß sei es mir gestattet, folgende Einzelheiten zu erwähnen. Bei einer richtig konstruierten, nicht zu weichen Entladungsröhre kommen die X-Strahlen hauptsächlich von einer nur 1–2 mm großen Stelle der von den Kathodenstrahlen getroffenen Platinplatte; indessen ist das nicht der einzige Ausgangsort: die ganze Platte und ein Teil der Röhrenwand emittiert, wenn auch in viel schwächerem Maße, X-Strahlen. Von der Kathode gehen nämlich nach allen Richtungen Kathodenstrahlen aus; die Intensität derselben ist aber nur in der Nähe der Hohlspiegelachse sehr bedeutend, und deshalb entstehen auf der Platinplatte da, wo diese Achse sie trifft, die intensivsten X-Strahlen. Wenn die Röhre sehr hart und das Platin dünn ist, so gehen auch von der Rückseite der Platinplatte sehr viel X-Strahlen aus, und zwar, wie die Lochkamera zeigt, wieder vorzugsweise von einer auf der Spiegelachse liegenden Stelle.

Auch in diesen härtesten Röhren ließ sich das Intensitätsmaximum der Kathodenstrahlen durch einen Magneten von der Platin-platte ablenken. Einige an weichen Röhren gemachte Erfahrungen veranlaßten mich, die Frage nach der magnetischen Ablenkbarkeit der X-Strahlen mit verbesserten Hilfsmitteln nochmals in Angriff zu nehmen; ich hoffe bald über diese Versuche berichten zu können.

Die in meiner ersten Mitteilung erwähnten Versuche über die Durchlässigkeit von Platten gleicher Dicke, die aus einem Kristall nach verschiedenen Richtungen geschnitten sind, habe ich fortgesetzt. Es kamen zur Untersuchung Platten von Kalkspat, Quarz, Turmalin, Beryll, Aragonit, Apathit und Baryt. Ein Einfluß der Richtung auf die Durchlässigkeit ließ sich auch jetzt nicht erkennen.

Die von Herrn G. *Brandes* beobachtete Tatsache, daß die X-Strahlen in der Netzhaus des Auges einen Lichtreiz auslösen können, habe ich bestätigt gefunden. Auch in meinem Beobachtungsjournal steht eine Notiz aus dem Anfang des Monats November 1895, wonach ich in einem ganz verdunkelten Zimmer nahe an einer hölzernen Tür, auf deren Außenseite eine *Hittorf*sche Röhre befestigt war, eine schwache Lichterscheinung, die sich über das ganze Gesichtsfeld ausdehnte, wahrnahm, wenn Entladungen durch die Röhre geschickt wurden. Da ich diese Erscheinung nur einmal beobachtete, hielt ich sie für eine subjektive, und daß ich sie nicht wiederholt sah, liegt daran, daß später statt der *Hittorf*schen Röhre andere, weniger evakuierte und nicht mit Platinanode versehene Apparate zur Verwendung kamen. Die *Hittorf*sche Röhre liefert wegen der hohen Verdünnung ihres Inhaltes Strahlen von geringer Absorbierbarkeit und wegen des Vorhandenseins einer von den Kathodenstrahlen getroffenen Platinanode intensive Strahlen, was für das Zustandekommen der genannten Lichterscheinung günstig ist. Ich mußte die *Hittorf*schen Röhren durch andere ersetzen, weil alle nach sehr kurzer Zeit durchschlagen wurden.

Mit den jetzt in Gebrauch befindlichen, harten Röhren läßt sich der *Brandes*sche Versuch leicht wiederholen. Vielleicht ist die Mitteilung von folgender Versuchsanordnung von einigem Interesse. Hält man möglichst dicht vor das offene oder geschlossene Auge einen vertikalen, wenige Zehntelmillimeter breiten Metallspalt und bringt dann den durch ein schwarzes Tuch verhüllten Kopf nahe an den Entladungsapparat, so bemerkt man nach einiger Übung einen schwachen nicht gleichmäßig hellen Lichtstreifen, der je nach der Stelle, wo sich der Spalt vor dem Auge befindet, eine andere Gestalt hat: gerade, gekrümmt oder kreisförmig. Durch langsames Bewegen des Spaltes in horizontaler Richtung kann man diese verschiedenen Formen allmählich ineinander übergehen lassen. Eine Erklärung dieser Erscheinung ist bald gefunden, wenn man daran denkt, daß der Augapfel geschnitten wird von einem lamellaren Bündel X-Strahlen, und wenn man annimmt, daß die X-Strahlen in der Netzhaut Fluoreszenz erregen können. –

Seit dem Beginn meiner Arbeit über X-Strahlen habe ich mich wiederholt bemüht, Beugungserscheinungen dieser Strahlen zu erhalten; ich erhielt auch verschiedene Male mit engen Spalten usw. Erscheinungen, deren Aussehen wohl an Beugungsbilder erinnerte, aber wenn durch Veränderung der Versuchsbedingungen die Probe auf die Richtigkeit der Erklärung dieser Bilder durch Beugung gemacht wurde, so versagte sie jedesmal, und ich konnte häufig direkt nachweisen, daß die Erscheinungen in ganz anderer Weise als durch Beugung zustande gekommen waren. Ich habe keinen Versuch zu verzeichnen, aus dem ich mit einer mir genügenden Sicherheit die Überzeugung von der Existenz einer Beugung der X-Strahlen gewinnen könnte.

Würzburg, Physik. Institut der Universität, 10. März 1897.

www.ingramcontent.com/pod-product-compliance
Lightning Source LLC
Chambersburg PA
CBHW021719210326
41599CB00013B/1696